ABHANDLUNGEN DER DEUTSCHEN AKADEMIE
DER WISSENSCHAFTEN ZU BERLIN

Klasse für Mathematik, Physik und Technik

Jahrgang 1958, Nr. 1

ROBERT ROMPE / ALOIS IHLN

ÜBER EINE NEUARTIGE STRAHLUNGSQUELLE DIE „METALLHOCHDRUCKLAMPE“

AKADEMIE-VERLAG · BERLIN

1958

Vorgelegt von Hrn. Rompe in der Gesamtsitzung vom 5. Dezember 1957
Zum Druck genehmigt am gleichen Tage, ausgegeben am 30. Juni 1958

Erschienen im Akademie-Verlag GmbH, Berlin W 8, Mohrenstraße 39
Lizenz-Nr. 202 · 100/441/58

Satz, Druck und Bindung: IV/2/14 - VEB Werkdruck Gräfenhainichen - 889
Bestell- und Verlagsnummer: 2001/58/I/1
Preis: DM 6,50
Printed in Germany

Die Entwicklung von Wissenschaft und Technik auf sehr verschiedenartigen Gebieten hat der Strahlungsquellentechnik die Aufgabe gestellt, neue, kompakte Strahlungsquellen hoher Leistung zu entwickeln, und zwar, wie es sich in den letzten Jahren immer mehr geklärt hat, im Wellenlängenbereich zwischen den mm-Wellen und dem Vakuum-UV. So wird seit Jahren von der Biophysik und der Photobiologie, gelegentlich auch von der Photochemie die Forderung erhoben, Strahlungsquellen mit einer durch optische Systeme zu einem beträchtlichen Teil erfaßbaren Strahlungsleistung von 10–20 kW im Ultraviolett, zum Teil auch im Infrarot zu schaffen, um die Möglichkeit zu erhalten, in Verbindung mit lichtstarken Spektralapparaten „monochromatisch" die Strahleneinwirkungen zu untersuchen [1]. Entsprechend hoch liegen die Forderungen, die seitens der Filmaufnahmetechnik in Filmateliers, vor allem beim Farbfilm, der Bühnenbeleuchtungstechnik und auf anderen Gebieten für sichtbare Strahlung erhoben werden.

Die traditionelle Lichtquelle für solche Anforderungen ist der Kohlebogen, insbesondere seine Vervollkommnung im Beckbogen, der in den letzten Jahrzehnten eine zweifellos beachtliche Leistungsfähigkeit (bis zu einigen 100 kW) erreicht hat, und auch hinsichtlich der Betriebseigenschaften weiter verbessert worden ist. Aus Gründen, auf die in der älteren Literatur bereits mehrfach hingewiesen worden ist, kann man jedoch mit einer Einführung von Beckbögen für manche der genannten Arbeitsgebiete nicht rechnen. Nicht genügende Konstanz der spektralen Zusammensetzung der Strahlung infolge der Art des Abbrandes der Elektroden, die Notwendigkeit selbst, die dem Abbrand ausgesetzten Elektroden in mehr oder weniger kurzen Zeiträumen zu erneuern und die beim Abbrand entstehenden Gase aus geschlossenen Räumen zu entfernen sowie die relativ hohen Investitions- und Betriebskosten für die Gesamtanlage schrecken in vielen Fällen von einer Verwendung zurück. Diesem Umstand hat die Entwicklung der kompakten Gasentladungshochdrucklichtquellen hoher Leistung ihre wesentliche Berechtigung zu verdanken; und wir verzeichnen in vielen Ländern die Herstellung von Höchstdrucklampen mit Quecksilber- oder Edelgasfüllung, die zweifellos eine spürbare Lücke in den Bedürfnissen der Technik ausfüllen, in vielen Fällen sogar neue Anwendungsgebiete für Hochleistungsstrahlungsquellen durch ihre guten Betriebseigenschaften erschlossen haben.

Die Entwicklung der Höchstdrucklampen erfolgte auf zwei technisch unterschiedlichen Wegen: Der wassergekühlten Kapillarlampen und der kugelförmigen Lampen ohne besondere Kühlung. Zunächst fand als Füllgas Quecksilber Verwendung, später auch schwere Edelgase, vor allem Xenon. Hierbei hat man zwar einen gewissen Verlust an Lichtausbeute und Leuchtdichte in Kauf zu nehmen, erhält aber eine spektrale Emissionsverteilung, bei der die kontinuierliche Strahlung im Sichtbaren relativ zur Linienstrahlung sehr viel intensiver ist als bei Hg, so daß mit Edelgas-Höchstdrucklampen eine annähernd dem Tageslicht entsprechende Farbwiedergabe zu erreichen ist (Abb. 1). Die Edelgashöchstdrucklampen haben vor den Quecksilber-Höchstdrucklampen noch den Vorteil des Wegfallens der Anlaufphase. Das wird allerdings durch den Nachteil bezahlt, daß sie ständig unter hohem Druck stehen, worauf bei der Bemessung der Festigkeitsreserve der Lampe naturgemäß Rücksicht

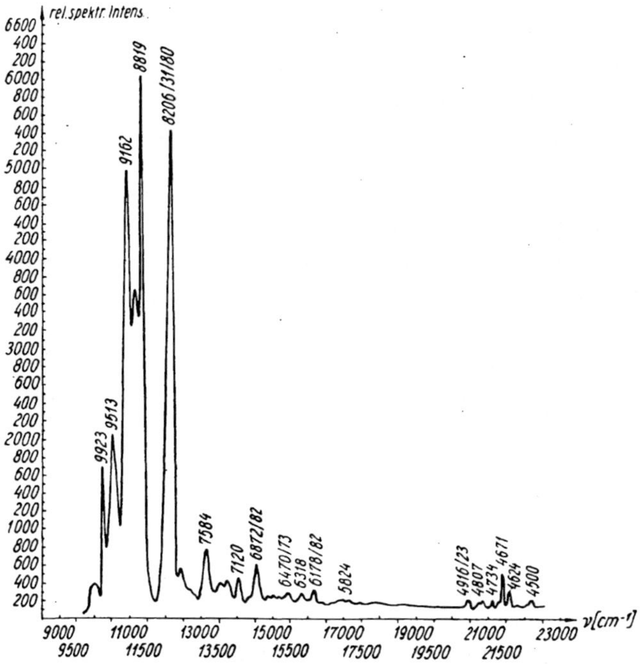

Abb. 1a. Relative spektrale Energieverteilung in der Säule der Xenon-Lampe XF 3000 für i = 30 A

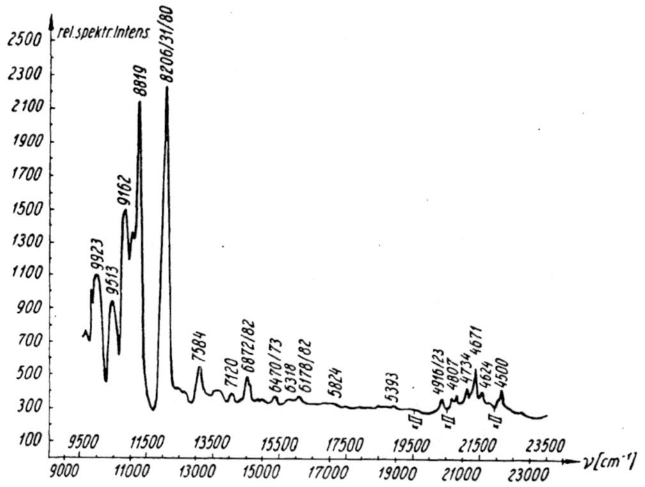

Abb. 1b. Relative spektrale Energieverteilung in der kathodischen Plasmakugel bei der Xenon-Lampe XF 3000 für i = 30 A

Tabelle 1a

Elektrische und lichttechnische Werte von Xenon-Hochdrucklampen

Lampen-Type	Leistungs-aufnahme W	Ver-sorgungs-spannung V	Brenn-spannung ca. V	Btr.-strom ca. A	Licht-strom ca. lm	Licht-ausbeute ca. lm/W	mittl. Leucht-dichte ca. sb.	Lampen-∅ mm	Gesamt-länge mm	Licht-bogen-länge mm	Gewicht ohne Klemm-sockel g
XF 750	750	220 ∼	50	16,5	18000	24	1000	23	275	50	120
XF 3000	3000	220 ∼	75	45	90000	30	2000	23	300	60	145
XF 6000	6000	220 ∼	115	55	180000	30	2200	22	330	100	275

Tabelle 1b

Elektrische und lichttechnische Werte von XBO-Lampen

Typen-bezeichnung	Leistungs-aufnahme W	Ver-sorgungs-spannung V	Lampen-spannung V	Betriebs-strom A	Leucht-fläche Breite × Länge mm	Licht-strom ca. lm	Licht-stärke ca. cd.	mittl. Leucht-dichte ca. sb.	Kolben-∅ mm	Gesamt-länge mm	Gewicht g
XBO 50	50	110 ≈ 127 ∼	14–20	3,9–2,7	0,4 × 0,8	1000	100	22000	11	60	10
XBO 100	100	110 =	16–20	7–5	0,7 × 1,5	2300	300	23000	15	115	35
XBO 500	500	220 ≅	25–30	22–18	2 × 4	17000	1700	17000	32	195	175
XBO 1200	1200	220 =	22–26	56–52	2 × 4	30000	3000	30000	46	340	350

genommen werden muß. Für eine eingehendere Darstellung der Entwicklung verweisen wir auf die Literatur [2, 3, 4]. Die Abb. 2a und 2b zeigen einige Beispiele von modernen Höchstdrucklampen der kugelförmigen Type ohne Kühlung und solcher mit Wasserkühlung. Die Daten der Strahlungsquellen sind den Tabellen 1 zu entnehmen.

Da die luftgekühlten, kugelförmigen Xenon-Höchstdrucklampen aus den bekannten Quecksilber-Höchstdrucklampen (I) hervorgegangen sind, konnten die Ergebnisse der langjährigen, umfangreichen Entwicklungsarbeiten an diesen Typen den Entwicklungsarbeiten an Xenonlampen zugrunde gelegt werden; die prinzipiellen Erkenntnisse über die mechanisch-thermischen Festigkeitsverhältnisse an diesen Lampen haben auch für Xenonlampen Gültigkeit (Abb. 3).

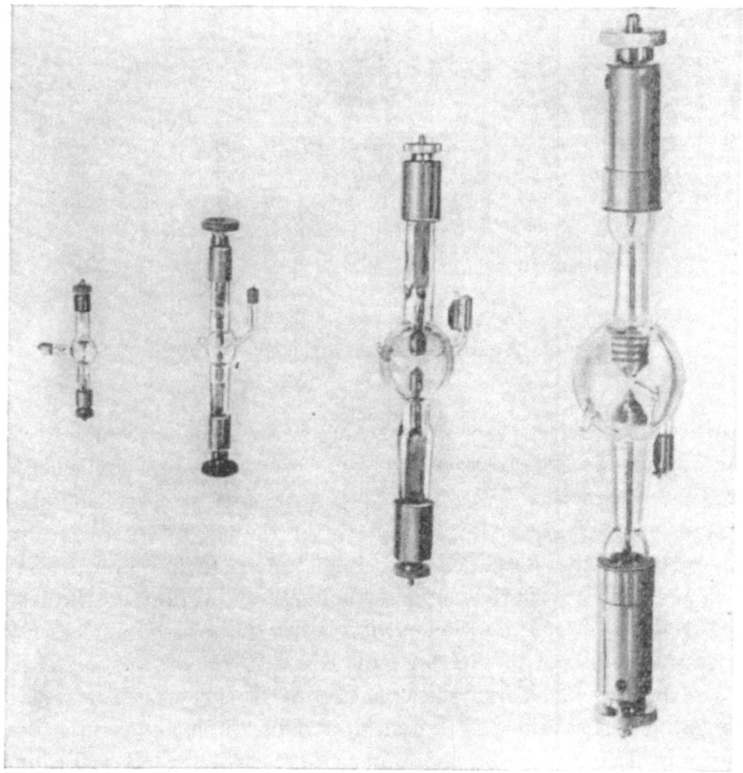

Abb. 2a. Xenon-Höchstdrucklampen, luftgekühlt, XBO 50, 100, 500, 1200

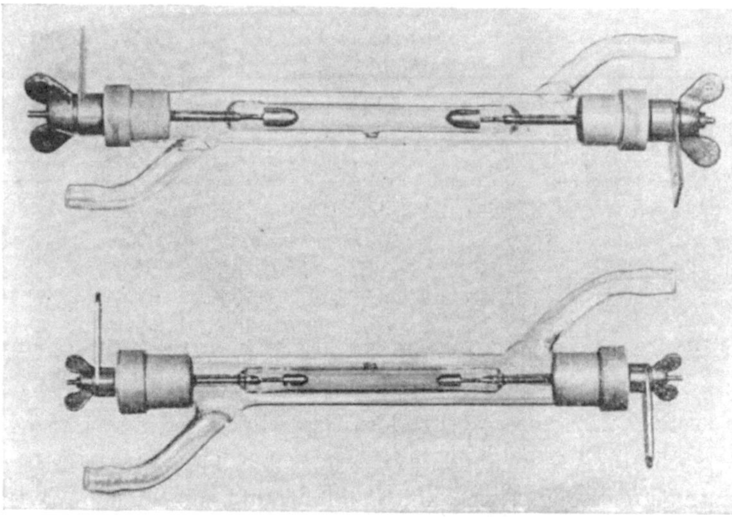

Abb. 2b. Xenon-Hochdrucklampen, wassergekühlt, XF 750 und XF 3000

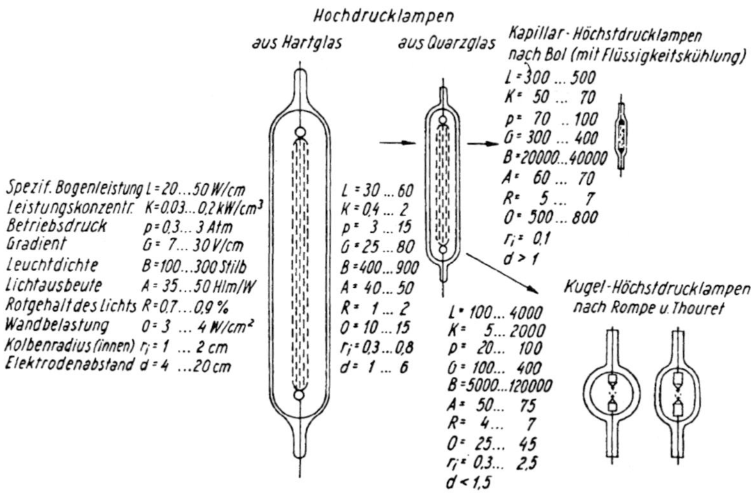

Abb. 3. Wandbelastung von Quarzlampen

Insbesondere konnten die Arbeiten über Berechnungen der Kolbengröße und der Wandstärke für bestimmte Leistungsgrößen übernommen werden. Bei Quecksilber- sowie bei Xenon-Höchstdrucklampen kann die thermische Wandbelastung nach den durchgeführten Berechnungen sowie nach den experimentell ermittelten Werten bei kleinen Lampenleistungen bis auf 40 W/cm² gesteigert werden. Bei zunehmender Lampenleistung muß die Wandbelastung infolge der notwendig gewordenen Kolbenvergrößerung zurückgesetzt werden. Während bei Lampenleistungen bis 100 W noch 40 W/cm² mit Sicherheit tragbar ist, geht die zulässige Wandbelastung bei 500 W Leistungsaufnahme auf 35 und bei 1000 W auf 30 W/cm² zurück. Noch größere Einheiten erfordern, die thermische Wandbelastung auf 25 W/cm² zu reduzieren. Will man also Xenonlampen mit großen Leistungsaufnahmen herstellen, so ist notwendig, die Kolbengröße entsprechend einer zur Erhaltung der gebotenen Betriebssicherheit erforderlichen thermischen Wandbelastung festzulegen. Es kommt damit bei großen Lampenleistungen über ca.

1–2 kW zwangsläufig zu sehr großen Kolbendurchmessern und somit zu allen damit verbundenen Schwierigkeiten, wie außergewöhnlich hohen Herstellungskosten für den Kolben und die weiteren Arbeitsgänge, hohen Kosten für die Gasfüllung und schließlich Minderung der spezifischen Lichtleistung durch Herabsetzung des Fülldruckes zwecks Erhaltung der Betriebssicherheit.

Wenn man die Entwicklung dieser Strahlungsquellen mit dem Ziel überblickt, eine Prognose für ihre weitere Entwicklungstendenz aufzustellen, so kann man daher nicht daran vorbeigehen, daß offenbar im gegenwärtigen Stadium der technischen Entwicklung ihrer Fortentwicklung zu großen Einheiten Grenzen gesetzt sind. Der bei der heute üblichen Herstellung von optisch einwandfreien und dabei gleichzeitig druckfesten Kolben hoher Wandstärke auftretende Aufwand setzt offenbar für eine wirtschaftliche Fertigung von kugelförmigen Höchstdrucklampen eine Grenze von etwa 2 kW fest. Wenn auch von einzelnen Herstellern Hg- oder X-Lampen von bis etwa 2 kW Leistungsaufnahme mit ausgezeichneten

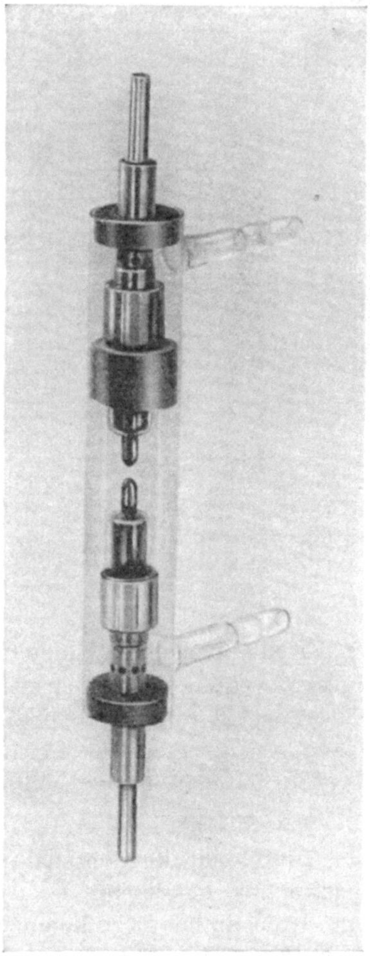

Abb. 4. Eine der ersten Versuchsmuster der DAdW, Institut für Strahlungsquellen, zur Untersuchung von Hochstromlichtbogen mit wassergekühlten Elektroden

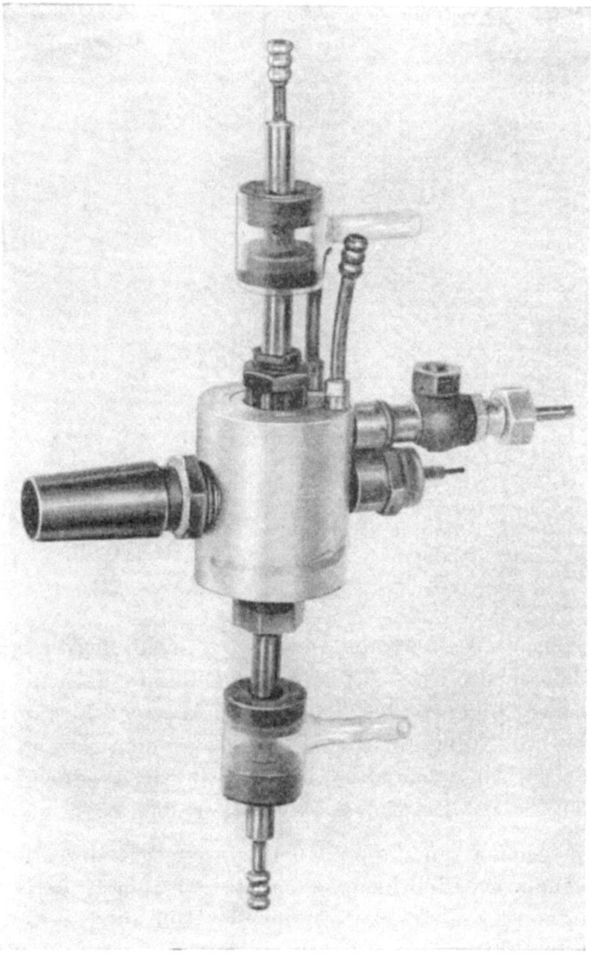

Abb. 5a.
Erstes Labormuster einer Metall-Lampe der DAdW, Institut für Strahlungsquellen

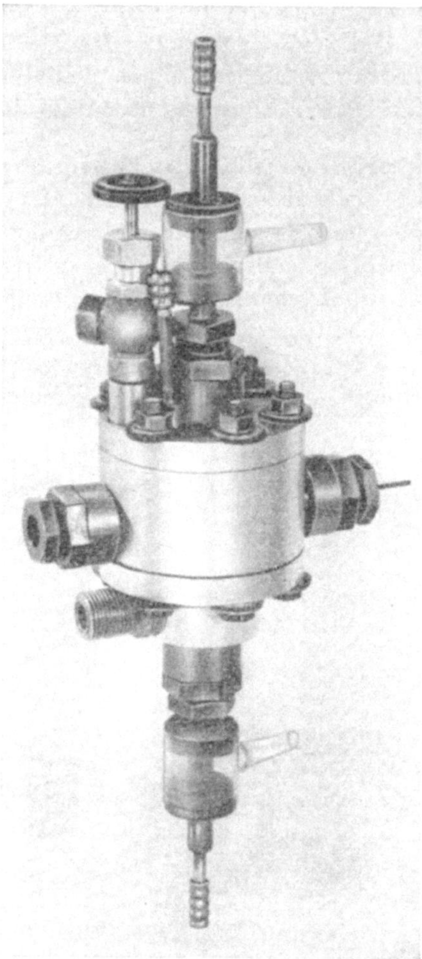

Abb. 5b. Späteres Labormuster einer Metall-Lampe der DAdW, Institut für Strahlungsquellen

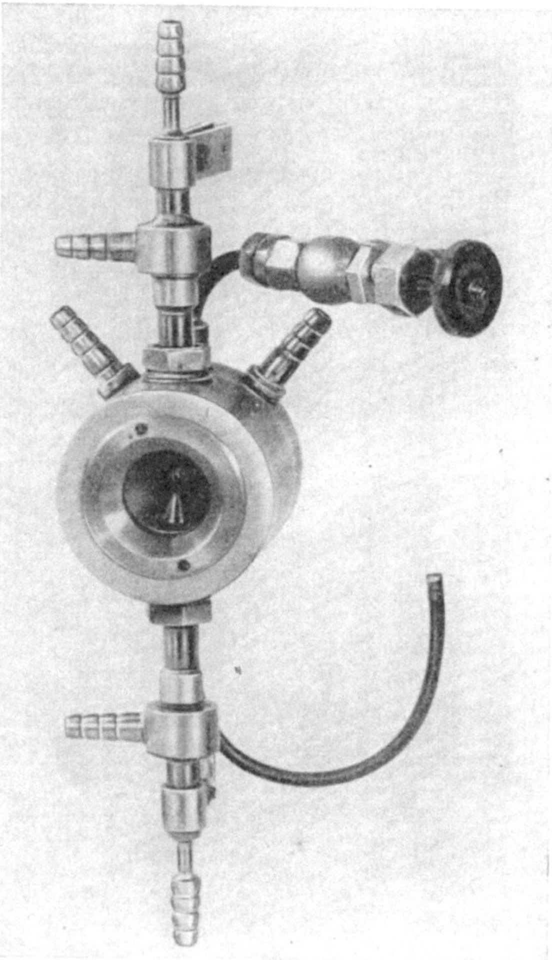

Abb. 5c. Weiterentwickeltes Labormuster einer Metall-Lampe der DAdW, Institut für Strahlungsquellen

Betriebsdaten angeboten werden, so sucht man vergebens nach entsprechenden Einheiten im Bereich von etwa 4–5 kW. Es soll damit natürlich nicht gesagt werden, daß für einzelne spezielle Aufgaben, bei denen die Frage der Kosten nicht ins Gewicht fällt, größere Einheiten mit Erfolg eingesetzt werden können. Soweit uns bekannt, ist das auch an verschiedenen Stellen gemacht worden. Wir möchten jedoch heute nicht an eine Zukunft der Lampen dieser Art mit Leistungen wesentlich über 2 kW glauben.

Ausgehend von diesen Überlegungen hat der eine von uns die Möglichkeit untersucht, auf einem gänzlich neuen Wege zu Strahlungsquellen zunächst einmal im Bereich der Leistung von 3 kW zu gelangen mit der Hoffnung, späterhin zu größeren Einheiten zu kommen. Hierbei sollten von vornherein einige Gesichtspunkte durch die Neuentwicklung gewährleistet sein.

1. Die Möglichkeit des Zerplatzens, die bei Höchstdrucklampen, besonders mit Edelgasfüllung, immer besteht, sollte völlig ausgeschlossen sein, um eine Gefährdung der bei solchen Einheiten kostspieligen Optik auszuschließen.

2. Es sollte der ausnutzbare Spektralbereich tunlichst nicht durch die spektrale Durchlässigkeitskurve des bisher allgemein verwendeten Quarzglases beschränkt sein, d. h. die Strahlungsquellen sollten Strahlen über ca. 3 μ und unter 2500 Å zu entnehmen gestatten.

3. Die kostspieligsten Bestandteile, wie Lampenkörper, Fenster, Elektroden, Durchführungen, sollten nach Ersatz von der Abnutzung oder Verschmutzung ausgesetzten Teilen möglichst wieder verwendet werden können, um die Wirtschaftlichkeit auch bei den künftig erwünschten großen Einheiten zu gewährleisten.

4. In Kauf genommen sollte sein ein Aufwand an Kenntnissen und Fertigkeit bei den mit der Wartung betrauten Personen, der dem Anwendungsgebiet derartiger Lichtquellen angemessen ist, die ja keine Allgebrauchslampen sind und auf ein technisch vorgebildetes Bedienungspersonal wohl rechnen dürften.

Abb. 6. Erstes Versuchsmuster des BGW

Die ersten Untersuchungen und Entwicklungsarbeiten wurden vom Institut für Strahlungsquellen der Deutschen Akademie der Wissenschaften zu Berlin durchgeführt. Nach Durchführung der ersten Entwicklungsarbeiten und Entwicklung eines Modells einer demontablen, wassergekühlten Edelgas-Hochdrucklampe wurden die Arbeiten gemeinsam mit der Forschungs- und Entwicklungsabteilung des Berliner Glühlampenwerkes fortgesetzt.

Zur Verwirklichung der unter 1—3 angeführten Forderungen war von vornherein klar, daß das Entladungsgefäß ein Metallgefäß mit Wasserkühlung sein mußte, in welches ein oder mehrere, die Strahlung herauslassende Fenster eingebaut sind. Wasserkühlung mußte auch für die Elektroden vorgesehen werden. Damit fiel die Möglichkeit aus, Quecksilber für das das Plasma tragende Gas zu verwenden, und die Benutzung schwerer Edelgase bot sich zunächst von selbst an.

Über eine Reihe von Versuchsausführungen (Abb. 4, 5a u. 5b) entstand ein technisch gut durchgebildetes Modell (Abb. 5c), welches bereits einen beachtlichen technischen Stand erreichte. Unbefriedigend war bei diesem Modell noch die Lichtleistung und vor allem die vorhandene Undichtigkeit der Lampe. Es war deshalb die Aufgabe der Entwicklungsabteilung des Berliner Glühlampenwerkes, das vorliegende Modell konstruktiv völlig zu überarbeiten mit dem Ziel, die noch bestehenden Unzulänglichkeiten zu beseitigen und die Konstruktion fertigungsreif zu gestalten.

Das von der Deutschen Akademie der Wissenschaften, Institut für Strahlungsquellen, entwickelte Versuchsmodell wurde in seiner ursprünglichen Form zunächst übernommen, da die grundlegenden Gedanken darin bereits verwirklicht waren. Es galt, die einzelnen Bauelemente so abzuwandeln, daß die geforderten Eigenschaften erreichbar sind. Als Lampenkörper wurde ein Metallzylinder mit entsprechenden Ausbohrungen gewählt, der wegen einer guten Bearbeitbarkeit und wegen guter Wärmeleitfähigkeit aus Aluminium besteht. Er hat die Abmessungen von 70 mm Durchmesser und 60 mm Länge. Der Innenraum, in welchem der Lichtbogen erzeugt wird, ist mit 30 mm Durchmesser und 35 mm Tiefe vorgesehen; die dabei entstehende starke Körperwandung ist mit einer größeren Anzahl Bohrungen und Kanälen versehen, um eine sehr intensive Kühlung durch Kühlwasser zu ermöglichen (Abb. 6 u. 7).

Achsial zum Lampenkörper ist an der vorderen Stirnfläche ein Quarzfenster von 30 mm Durchmesser lichter Weite und 5 mm Dicke angebracht, welches durch eine Verschraubung und durch Beilage von Dichtungsringen gasdicht im Lampenkörper abgedichtet ist. Auf der Rückseite des Lampenkörpers gegenüber dem Quarzfenster ist eine Zündsonde vorgesehen, die aus einer in Quarz eingebetteten Wolframdurchführung mit Molybdänabdichtung besteht. Die Abdichtung der Durchführung im Lampenkörper erfolgt durch einen kegelförmig ausgebildeten Kranz am Quarzkörper der Zündelektrode, der durch eine entsprechende Verschraubung und Bleidichtungsringe abgedichtet ist. Nach dem gegenwärtigen Entwicklungsstand ist diese Zündsonde zur Einleitung der Bogenentladung noch erforderlich. Nach Beendigung der Entwicklung eines Zündgerätes, welches die Zündung der Lampe über die Elektroden selbst ermöglicht, wird die Zündsonde in Fortfall kommen. Dafür wird an dieser Stelle ein Hilfsspiegel vorgesehen. Senkrecht zur Körperachse befinden sich diametral gegenüberliegend die beiden Elektroden. Diese bestehen im wesentlichen aus Kupferrohren von 10 mm Durchmesser, die für Wasserkühlung eingerichtet sind, d. h. ein zentrisches Mittelrohr von 5 mm Durchmesser ist für die Wasserzufuhr und der Zwischenraum zwischen beiden Rohren für den Wasserrücklauf bestimmt. An der verschlossenen Vorderseite des Kühlrohres, welches gleichzeitig der Übertragung des Stromes dient, ist eine W-Elektrode eingepreßt und verlötet (Abb. 8). Die vakuum- und druckdichte Einführung der Elektroden, die außerdem gegen den Lampenkörper isoliert sein muß, ist auf folgende Weise gelöst (Abb. 9). Zwei konzentrische Stahlringe werden durch eine Glasschmelze so miteinander verbunden, daß der etwa 6 mm breite Spalt zwischen den beiden Ringen durch Glas ausgefüllt ist. Diese auch gegen hohen Überdruck beständigen Verbindungen werden nach einem speziellen Verfahren aus dem Gleichrichterbau hergestellt. Die Stahlringe werden zu diesem Zweck in Wasserstoff geglüht und an den mit Glas zu verbindenden Flächen mit einer Emaille versehen. Zwecks Anbringung der Anglasung werden die so vorbereiteten Ringe in einer besonderen Vorrichtung unter Beilage eines Glasringes entsprechender Abmessungen aus Bleiglas V 123a in einem elektrischen Ofen auf etwa 750° C erhitzt. Dabei schmilzt der beigelegte Glasring und füllt den Zwischenraum aus. Durch entsprechend ausgebildete Graphitringe wird die Glasverbindung in ihrer Lage nach den Rändern der Ringe begrenzt. Nach langsamer Abkühlung wird die Vorrichtung mit den fertigbeglasten Ringen aus dem Ofen entnommen. Die so hergestellten Druckglasdichtungen sind sehr gut vakuum- und druckdicht, so daß sie dem sehr hohen Betriebsdruck der Lampen standhalten. In dem

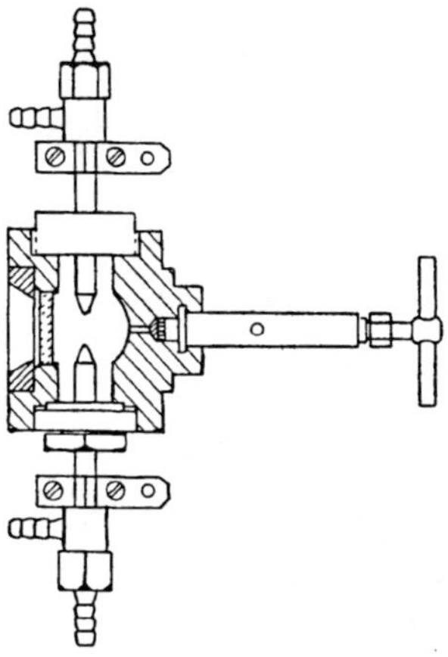

Abb. 7.
Schematische Darstellung der Metall-Lampe

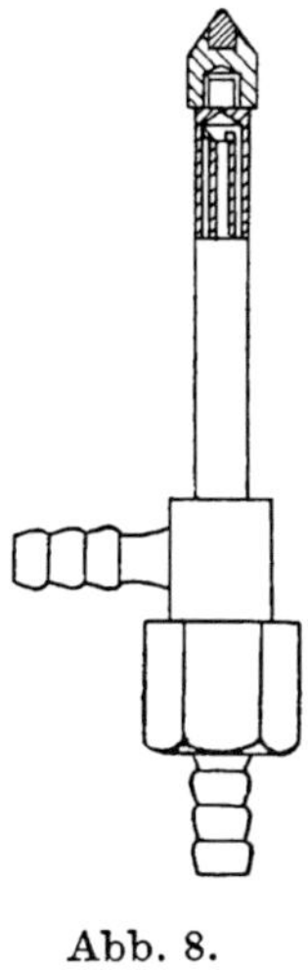

Abb. 8.
Schematische Darstellung der Elektrode mit Zuführung

inneren Stahlring der Druckanglasung wird das Elektrodenrohr in der Stellung eingelötet, welche der Fixierung der Elektroden für einen bestimmten Elektrodenabstand entspricht. Der äußere Ring wird durch eine Druckverschraubung und beigelegte Bleidichtungen in dem Lampenkörper abgedichtet. Der Lampenkörper ist ferner mit 2 Kanälen für die Leitungen zur Pumpe und zum Edelgasvorratsgefäß (Stahlflasche) versehen. Diese beiden Leitungen sind durch Nadelventile verschließbar (Abb. 10 und 11). Zwecks bequemer Handhabung der Lampe wurden der Lampenkörper, die Edelgasvorratsflasche sowie die Ventile und ein Kontrollmanometer zu einer Einheit auf einer Grundplatte vereinigt, wobei der Lampenkörper leicht in der Höhe und seitlich verstellbar ist, um den Lichtbogen in den Strahlengang eines optischen Systems einjustieren zu können. Die Inbetriebnahme der Lampe geht wie folgt vor sich:

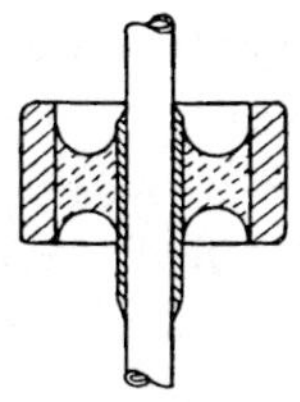

Abb. 9.
Schematische Darstellung der Druckanglasung

1. Nach beendeter Montage der Lampe wird sie über Nadelventil 1 und die Pumpleitung durch eine zweistufige rotierende Vakuumpumpe entlüftet, bis ein Vakuum von 1×10^{-3} Torr erreicht ist. Hierbei wird gleichzeitig geprüft, ob die Lampe gasdicht ist.

Eventuelle Undichtigkeit ist durch Nachziehen der Verschraubungen oder gegebenenfalls durch Erneuerung der Dichtungsbeilagen abzustellen.

2. Pumpleitung durch Nadelventil 1 schließen. Edelgas aus der Vorratsflasche über Ventil 2 in die Lampe einfüllen, bis Manometer einen Fülldruck von ca. 8–15 atü anzeigt. Ventil 2 schließen.

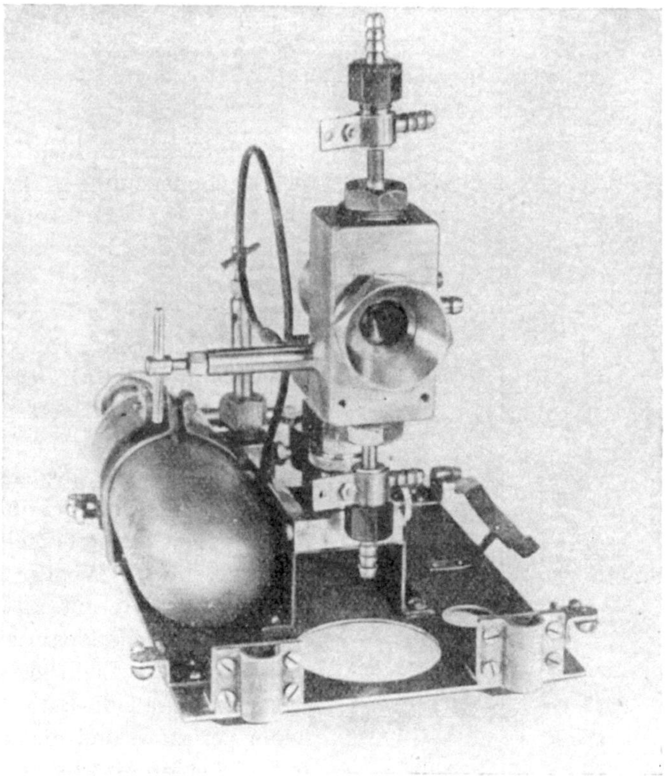

Abb. 10. Komplette Anordnung der Metall-Lampe mit Ventilen

3. Kurzschlußstrom einstellen entsprechend der gewünschten Leistung. Elektrische Leitung an die beiden Elektroden anschließen.

4. Kühlwasser für Lampenkörper und für beide Elektroden anstellen, Kühlwassermenge am Wasserrücklauf kontrollieren. (Etwa 5 l/min für Lampenkörper und jede Elektrode.)

5. Hauptstromkreis einschalten.

6. Zündimpulse eines verstärkten HF-Zündgerätes an Zündelektrode geben und somit Gasstrecke zwischen Elektroden vorionisieren bis Lichtbogen entsteht und Hauptstrom über Elektroden fließt. Wichtig hierbei ist daß die Vorionisation durch das Zündgerät von der Zündelektrodenspitze gleichmäßig nach beiden Hauptelektroden erfolgt.

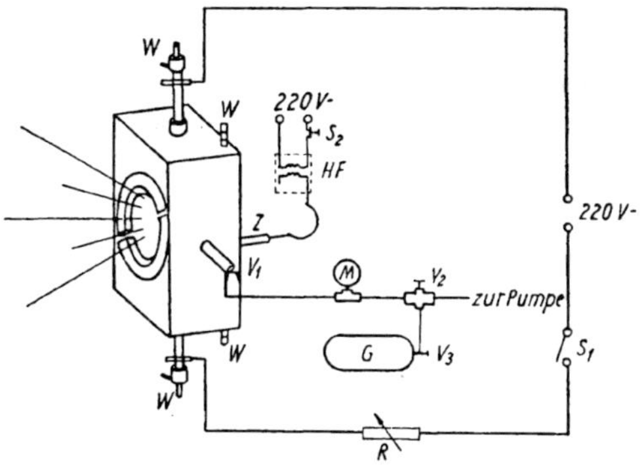

Abb. 11.
Komplette Anordnung der Metall-Lampe mit Ventilen (schematische Darstellung)

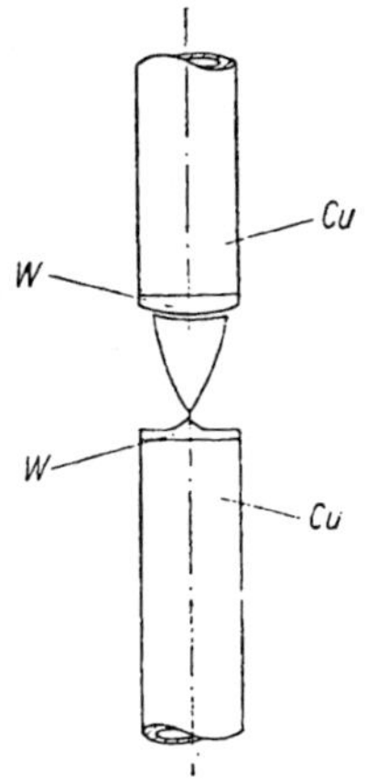

Abb. 12.
Gleichstrom-Elektrodensystem (schematisch)

Abb. 13. Neuere Konstruktion der Metall-Lampe mit prismatischem Körper, komplett

Es bildet sich ein Lichtbogen aus, der von der Kathodenspitze fixiert wird und sich auf der gewölbten Anodenoberfläche bis nahezu über die ganze Stirnfläche der Anode ausbreitet, so daß ein glockenförmiges Gebilde entsteht, dessen breiter, hell leuchtender Teil mit einem „Dunkelraum" von wenigen Zehntel mm vor der oben befindlichen Anode endet. Die ersten Brennversuche wurden an Wechselstrom durchgeführt. Die Elektroden waren projektilartig geformt, wie sie bei der wassergekühlten Xenonlampe XF 3000 seit längerer Zeit erfolgreich verwendet werden. Weder mit dieser Elektrodenform noch mit anderen Elektroden konnte an Wechselspannung ein genügend ruhig stehender Lichtbogen erzielt werden. Es wurde deshalb die Betriebsart an Wechselstrom verlassen und die weiteren Versuche an Gleichspannung durchgeführt. Dazu war natürlich notwendig, die Elektroden in ihrer

Gestalt völlig umzubilden und sie dem Elektrodensystem der luftgekühlten Xenonprojektionslampe 1–2 kW anzupassen. Als Anode dient ein großer, massiver Körper aus Sinterwolfram mit eingesintertem Stirnpfropfen aus sehr dichtem, gehämmertem Wolfram und als Kathode ein Sinterkörper aus Wolfram mit geringeren Ausmaßen und mit einer Spitze aus gehämmertem Wolfram. Mit diesem Elektrodensystem konnte – wie bei der luftgekühlten Xenon-Quarzlampe – ein ruhig stehender Lichtbogen erzielt werden (Abb. 12).

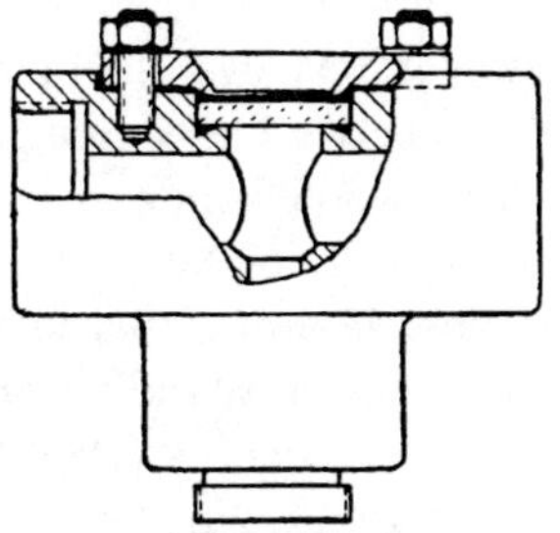

Abb. 14. Schematische Darstellung der Flanschdichtung des Quarzfensters

Nachdem das Elektrodensystem auf diese Weise festgelegt war, konnte eine Anzahl von Brennversuchen durchgeführt werden, wobei allerdings die Versuchsmodelle bei einer Belastung von 3 kW nur kurzzeitige Standzeiten aufwiesen. Erhebliche Schwierigkeiten bereiteten die immer wieder auftretenden Undichtigkeiten der Lampe. Insbesondere zeigten sich die Undichtigkeiten während des Brennens. Zur Beseitigung dieses Fehlers wurde zunächst eine Reihe von Metallen sowie eine Anzahl nichtmetallischer Werkstoffe auf ihre Eignung als Dichtungsmaterial eingehend untersucht; es wurden Dichtungsbeilagen aus Blei, Aluminium, Kupfer, Gummi, Asbest, Kautasit, Klingerit und Vulkanfibre angefertigt und ausprobiert. Befriedigende Ergebnisse konnten mit keinem dieser Materialien erreicht werden. Deshalb entschlossen wir uns, die Konstruktion der Dichtungselemente grundlegend zu überarbeiten. Dazu mußte auch die äußere Form der Lampe überarbeitet werden; statt des Zylinders wurde eine prismatische Form mit den Abmessungen von 50 × 60 × 120 mm mit einem zylindrischen Ansatz von 60 mm Durchmesser und 45 mm Länge gewählt (Abb. 13). Die bisher konisch ausgebildeten Dichtungsstellen wurden jetzt als Flachdichtungen vorgesehen, da sich gezeigt hat, daß bei konischen Dichtungen das Dichtungsmaterial sehr stark deformiert wird, weil seitlich keine Begrenzung vorhanden ist. Bei der kritischsten Dichtungsstelle am Quarzfenster wurde die bisherige Druckverschraubung verworfen und dafür ein Dichtungsflansch vorgesehen, der mittels 10 Stehbolzen und Muttern eine genau parallel

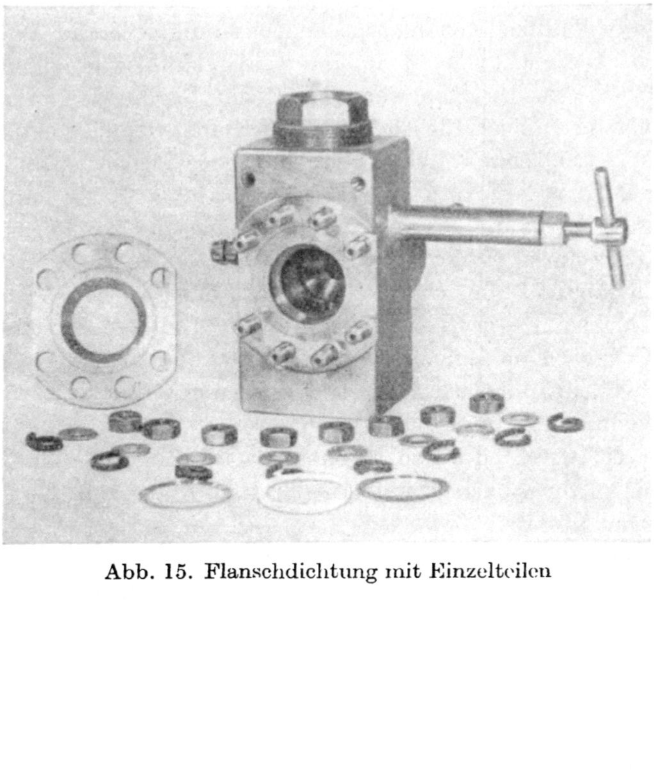

Abb. 15. Flanschdichtung mit Einzelteilen

geführte Anpressung des Quarzfensters an den Lampenkörper unter Zwischenlage von Bleidichtungsringen gewährleistet (Abb. 14 und 15). Sehr wichtig bei dieser Anordnung ist die Verwendung von starken Federringen als Zwischenlage an den Stehbolzenmuttern. Diese Federringe sorgen dafür, daß das Flanschsystem nicht starr, sondern elastisch angepreßt wird und somit thermischen Materialveränderungen, wie sie beim Betrieb der Lampe auftreten, folgen kann. Durch die Verwendung eines metallischen, wassergekühlten Lampenkörpers mit einem Quarzfenster relativ geringen Flächeninhaltes unterliegt die thermische Wandbelastung des Lampenkörpers keiner Einschränkung, da durch das Kühlwasser der größte Teil der frei werdenden Wärme abgeführt wird. Die Dimensionierung des Fensters muß eine ausreichende mechanische Festigkeit garantieren. Entsprechend dem herrschenden Betriebsdruck von 30 ata und einer, dem Lichtaustrittswinkel von 65° angemessenen Fenstergröße von 32 mm ⌀ lichte Weite muß die Dicke des Quarzfensters $S = 4{,}5$ mm betragen. Die thermische Wandbelastung des Quarzfensters kann außerordentlich hohe Werte erreichen; 150 W/cm^2 stellen dabei noch nicht die obere Belastungsgrenze dar. Diese Tatsache ist darauf zurückzuführen, daß eine, wenn auch mäßige Kühlung der Randpartien die hohe Beanspruchung zum Teil herabsetzt, hauptsächlich jedoch darauf, daß sich die dem Lichtbogen zugekehrte Seite des Quarzfensters, die auf beträchtliche Temperaturen erwärmt wird, nach seiner Peripherie ungehindert auszudehnen vermag, so daß zusätzliche mechanische Kräfte, hervorgerufen durch die Wärmedehnung des Fensters auf der dem Bogen zugewandten Seite, nicht zur Wirkung kommen.

Alle diese Maßnahmen führten nunmehr zu vollem Erfolg. Die nach diesem Verfahren hergestellten Lampen sind selbst über längeren Zeitraum völlig gasdicht. Auch beim Brennen der Lampe sowie bei unterbrochenem Betrieb tritt nicht der geringste Gasverlust auf.

Nachdem die Voraussetzungen für weitere Versuchsbedingungen geschaffen waren, d. h. gasdichte Lampen zur Verfügung standen, konnte das zweite wichtige Problem in Angriff genommen werden, die Ausbildung der Elektroden zur Erreichung eines ruhigstehenden Lichtbogens und einer Standfestigkeit der Elektroden über mindestens 20–30 Betriebsstunden bei einer Dauerbelastung von etwa 4–5 kW. Diese Betriebsbedingungen müssen annähernd erreicht werden, wenn ein wirtschaftlicher Einsatz von Metall-Hochdrucklampen garantiert werden soll.

Die zunächst verwendete Elektrodenkonstruktion war, wie bereits erwähnt, dem Elektrodensystem der luftgekühlten Xenonlampe angepaßt und bestand aus einer Anode aus gesintertem Wolfram. Die Elektrode ist auf die wassergekühlte Elektrodenzuführung aufgeschraubt (Abb. 8). Wie zu erwarten war, wurde von Beginn der Brennversuche an ein gleichmäßig ausgebildeter ruhiger Lichtbogen ähnlich dem der luftgekühlten Xenonlampe mit Quarzkolben, XBO 1200, erzielt. Leider blieb diese gute Eigenschaft nur so weit erhalten, als die Belastung der Lampe nicht über 2,5 kW, d. h. etwa 100 A gesteigert wurde. Bei höherem Betriebsstrom wurde die Anode zu stark erhitzt und die Bogenansatzstelle angegriffen; es fanden sehr starke Elektrodenmaterialabtragungen statt, wodurch das Lichtaustrittsfenster nach kurzer Brennzeit geschwärzt wurde. Es zeigte sich, daß bei diesem Elektrodensystem eine Grenze gesetzt ist für die durch Strahlung und Konvektion abgeführte Wärme, gleichgültig, ob es sich um luftgekühlte Lampen aus Quarz oder um Lampen mit intensiv gekühltem Metallkörper handelt. Ferner zeigte sich, daß eine Steigerung der Belastung der Metallampe nur möglich ist durch Verstärkung der Kühlung der Elektroden selbst. Dies sollte erreicht werden durch Maßnahmen, die es ermöglichen, das Kühlwasser so nahe wie möglich an die Bogenansatzstelle der Elektrode, d. h. also an die Stelle der Wärmeerzeugung heranzuführen.

Durch systematische Untersuchungen unterstützt wurde zunächst der Elektrodenkörper weiter ausgebohrt, so daß das Kühlrohr tiefer in den Elektrodenkörper hineinragt und so eine intensivere Kühlung herbeiführt (Abb. 16). Schrittweise wurde dann außerdem der Elektrodenkörper selbst in seinem Volumen verkleinert und der Weg der Wärmeleitung im Wolfram verkürzt, bis schließlich der Elektrodenkopf nur noch aus einer etwa 2 mm dicken Wolframscheibe aus gehämmertem Material besteht. Eine leicht ballig ausgeführte Anodenoberfläche hat sich hierbei als vorteilhaft erwiesen.

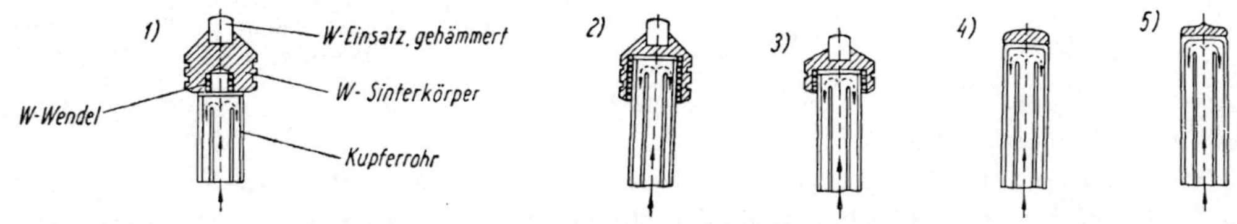

Abb. 16. Schematische Darstellung des Werdeganges der Elektrodenkonstruktion

Der Gleichstrombogen wird von der Kathodenspitze fixiert und geführt; eine sehr gut ausgeprägte Spitze ist eine wesentliche Voraussetzung für das Zustandekommen eines ruhigen, stabilen Lichtbogens. Der breite Teil des glockenförmigen Lichtbogens legt sich gleichmäßig an die genau senkrecht, in entsprechendem Abstand über der Kathodenspitze befindlichen Anode, wobei sich mehr oder weniger starke Konvektionsfackeln ausbilden, die seitlich an der Anode vorbei dem oberen Lampenkörperteil zustreben. Wird die Anode gekühlt, wie es bei dem stark verringerten Volumen der Anode erforderlich ist, bildet sich zwischen dem Lichtbogenplasma und der Anodenoberfläche ein schmaler, deutlich als Dunkelzone wahrnehmbarer Zwischenraum aus. Durch Filmaufnahmen konnte festgestellt werden, daß sich dieser Zwischenraum mit zunehmender Kühlung der Anode verbreitert. Wird bei einem bestimmten Betriebszustand die Stromstärke gesteigert, so kann man beobachten, daß vom Bogenplasma aus einzelne Zipfelchen die Dunkelzone als erheblich hellere, schmale Kanäle durchbrechen und die Anodenfläche berühren. Mitunter vermehren sich die einzelnen Kanäle zu einer größeren Anzahl mit veränderlichen Standorten. Gelegentlich tritt auch eine Konzentration auf einen Kanal auf, welcher dann Ähnlichkeit bekommt mit dem kathodischen Ansatz eines Bogens; bei Cu-Anoden führt das meistens zu lokalen Überhitzungen und zum Durchschmelzen der Wandung der Anode.

Zur Deutung dieser Erscheinungen kann einiges angeführt werden: Durch die intensive Kühlung der Anode wird das unmittelbar an diese angrenzende Gas auf erheblich niedrigerer Temperatur gehalten, als das bei den strahlungsgekühlten Anoden der HBO- und XBO-Lampen der Fall ist. Man darf wohl annehmen, daß die Temperaturen sich etwa um den Faktor 10 unterscheiden, entsprechend einer angenommenen Temperatur von ca. 300° K bei wassergekühlter Anode und ca. 3000° bei strahlungsgekühlter Anode. Geht man von der — durchaus zulässigen — Annahme aus, daß die elektrische Leitfähigkeit des Gases in beiden Fällen durch die lokale Temperatur desselben bestimmt wird, so heißt das, daß im Falle der wassergekühlten Anode sich vor dieser eine Schicht eines sehr viel schlechter den Strom leitenden Gases befindet als bei strahlungsgekühlter Anode, die sich auch äußerlich als Dunkelzone äußert. Nach den Formeln

I. für $T > 5000°$ K

$$\left.\begin{aligned} b_e &= \frac{e \cdot \lambda_e \cdot \sqrt{2}}{\sqrt{\pi} \cdot k\,T \cdot m} \left[\frac{cm}{sec} \cdot \frac{cm}{Volt}\right] \\ \lambda_e &= \frac{1}{n_o \cdot Q_o + n_t \cdot Q_t} \,[cm] \\ Q_t^t &= 0{,}978 \cdot \frac{e^4}{(k\,T)^2} \cdot \ln \left[\frac{3}{\pi^{1/2} \cdot n_e^{1/2} \cdot e^3} \cdot \left(\frac{k\,T}{2}\right)^{3/2}\right] \end{aligned}\right\}$$

nach Spitzer, Phys. **80** (1950) 230
$Q_o = 1{,}3 \cdot 10^{-16}\ cm^2$
nach Drawin, Z. Phys. **146** (1956) 295

II. für T < 5000° K

$$b_e = \frac{2 \cdot \sqrt{2}}{\sqrt{\pi k T m}\left(\frac{1}{\lambda_R} + \frac{e^4 \cdot n_e}{\gamma (k T)^2}\right)} \cdot \frac{1}{300}$$

$$\gamma = \frac{2}{\frac{\pi}{2} \cdot \ln\left[\frac{3 k T}{2 \cdot e^2 \cdot n_e^{1/3}}\right]}$$

nach MAECKER Erg. exakt. Naturwiss. 25 (1951) 293

$$\lambda_R = \frac{1}{Q_R \cdot P_{Torr}} \, [cm]$$

$$Q_R = 6 \cdot U_{Volt} \cdot {}^{7,8 \cdot 10^{-2}} T \left[\frac{1}{cm \cdot Torr}\right]$$

Mierdel Wiss. Veröff. Siemens-Werken XVII (1938) 277

wurde die Abb. 17 errechnet.

Aus den Kurven kann man entnehmen, daß die elektrische Leitfähigkeit im Argon etwa von $3 \cdot 10^{-3}$ auf $6 \cdot 10^{-13}$ in Anodennähe sinkt. Da diese isolierende Schicht dünn ist, ist der zusätzliche Spannungsabfall nicht beträchtlich, in der Größenordnung von 1 Volt. Immerhin gibt das Vorhandensein einer solchen Schicht Veranlassung zu Erscheinungen, die Ähnlichkeit haben mit dem Verhalten eines Isolators beim Wärmedurchschlag. Infolge der exponentiellen Abhängigkeit der elektrischen Leitfähigkeit von der Temperatur führt eine durch geringfügige Inhomogenitäten bedingte Erhöhung der Temperatur zu vergrößerter Leitfähigkeit an dieser Stelle, diese wiederum zu vergrößerter Leistungszuführung, diese zu weiterer Erhöhung der Temperaturen usw. Man kann annehmen, daß auch eine Gasschicht, bei der die elektrische Leitfähigkeit exponentiell von der Temperatur abhängt, die Tendenz hat, die Strombahn zu konzentrieren, sofern die Leistungsabgabe im wesentlichen durch Wärmeleitung erfolgt. Das aber dürfte gerade bei der auf niedriger Temperatur befindlichen Schicht vor der gekühlten Anode der Fall sein.

Mit diesem Elektrodensystem konnte eine größere Anzahl von Brennversuchen durchgeführt werden, deren Ergebnisse in beifolgender Zusammenstellung aufgezeichnet sind (Tab. 2, 3, 4, 5). Bei den Brennversuchen wurde aus Gründen der Kostenersparnis grundsätzlich mit Argonfüllung gearbeitet. Vergleichsmessungen mit Krypton- und Xenon-

Tabelle 2.

Metall-Lampe XBM II, Elektrodenabstand 5,5 mm, Füllgas: Krypton

Betriebsdruck ata	U_L V	I_L A	N_L W	J_t cd	cd/W
15,5	27,5	89	2440	3450	1,412
20,0	29,5	–	2630	4150	1,575
25,5	31,5	–	2800	4620	1,650
30	34	–	3030	5400	1,782
38	37,5	–	3340	6350	1,9
15,5	28	110	3080	5020	1,625
20	30	–	3300	5720	1,730
25,5	32,5	–	3560	6660	1,870
30	34,5	–	3800	7360	1,935
38	38	–	4180	8610	2,055
15,5	28,5	120	3410	5800	1,695
20	30,5	–	3660	6660	1,82
25	33	–	3960	7450	1,88
30	35	–	4200	8250	1,96
38	39	–	4620	9400	2,06
32	38	128	4850	7500	Argon

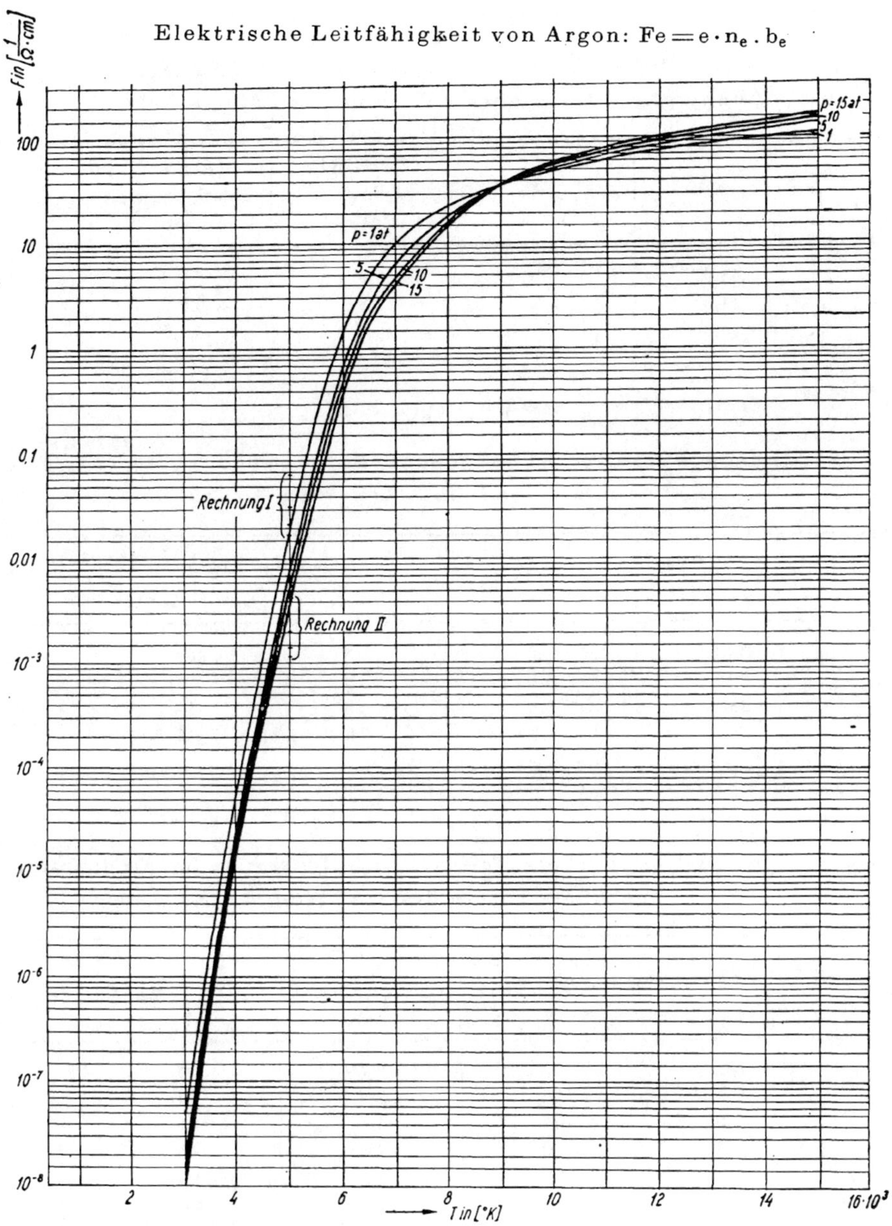

Abb. 17. Elektrische Leitfähigkeit von Argon in Abhängigkeit vom Druck nach W. KÜMMEL

füllungen bestätigten die bereits von SCHULZ [3] gefundene Beziehung: Die Lichtstärke von Bogenentladungen bei gleichen Drucken in Argon, Krypton und Xenon vergrößert sich mit ansteigendem Atomgewicht der Gase. Die Werte für die Lichtstärke in Argon erhöhen sich bei Übergang von Argon auf Krypton um 20–25% und bei Verwendung von Xenon abermals um 20–25% (Abb. 18). Die Bogenspannung beträgt entsprechend einem zur Erzeugung eines stabilen Lichtbogens günstigen Elektrodenabstandes von ca. 5 mm gleich 28–33 Volt. Es wurde angestrebt, die Bogenspannung heraufzusetzen, um die Stromstärke niedrig zu halten. Bei Vergrößerung des Elektrodenabstandes ergeben sich jedoch Schwierigkeiten, den Lichtbogen stabil zu erhalten und seitliche, durch Konvektion verursachte

Tabelle 3

Metall-Lampe XMB II, Elektrodenabstand 5,5 mm, Füllgas: Argon
Abhängigkeit der Lichtstärke von der Stromstärke

A	V	kW	Gasdruck kalt ata	(Argon) Betriebsdruck ata	cd
84	23,8	2,0	8	14,4	2850
102	24,5	2,5	8	15,2	3500
112	25,0	2,8	8	15,5	4000

Tabelle 4

Metall-Lampe XMB II, Elektrodenabstand 5,5 mm, Füllgas: Argon
Abhängigkeit der Lichtstärke vom Druck

I_L A	U_L V	N_L kW	Gasdruck Argon kalt	i. Betrieb	J_L cd
102	24,5	2,5	8	15,2	3500
102	35	3,6	16	30	4800
132	38,0	5,0	12	25	5400
128	38,0	4,85	16	32	7500

Tabelle 5

Ergebnisse einiger Brenndauerversuche mit Metall-Lampen bei einer Gasfüllung ohne Auswechseln der Elektroden

Vers.-Nr.	I_L A	U_L V	N_L kW	Druck ata	Erreichte Lebensdauer h
1	102	35	3,58	30	2
2	113	30	3,4	30	21
3	150	33	5,0	17	0,5
4	140	32	4,5	30	2
5	114	31	3,5	18	7
6	135	30	4,0	26	8

Beendigung der Brenndauer jeweils durch Ablöten der Wolframronde an der Anode bzw. infolge Durchschmelzens der Anode

Mittlere Leuchtdichte:
EA = 5,5 mm Bogenbreite 3 mm = 0,165 cm²
80% der Gesamtlichtstärke von 5400 cd = 4320 cd

$$\frac{4320}{0,165} = 26\,000 \text{ sb}$$

Ablenkungen zu vermeiden. Außerdem wird dadurch die Zündung erschwert. Es wurde daher ein vorläufiger Elektrodenabstand von 5 mm festgelegt (Abb. 19). Bei der Steigerung der Belastung auf 5 kW trat zunächst nach wenigen Minuten Betriebsdauer eine Zerstörung der Anode dadurch auf, daß die W-Platte zu stark erhitzt wurde und von den Kupferzuführungen ablötete. Im gleichen Augenblick wurde dann von dem Lichtbogen die Kupferzuführung durchgeschmolzen, und Kühlwasser drang in den Lampenraum ein.

Ein sehr wesentlicher Faktor bei dieser Elektrodenausführung ist die einwandfreie Lötverbindung zwischen W-Scheibe und Kupferzuführung. Es wurde eine Reihe von Versuchen aufgestellt, um diese Lötverbindungen herzustellen. Aber alle Lötungen unter Anwendung

Abb. 18. Metall-Lampe, Elektrodenabstand 5,5 mm, Füllgas Krypton

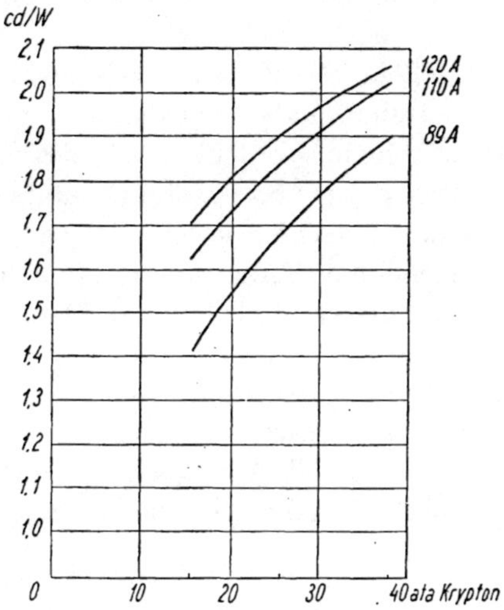

a) Abhängigkeit der Lichtausbeute vom Druck bei verschiedenen Stromstärken

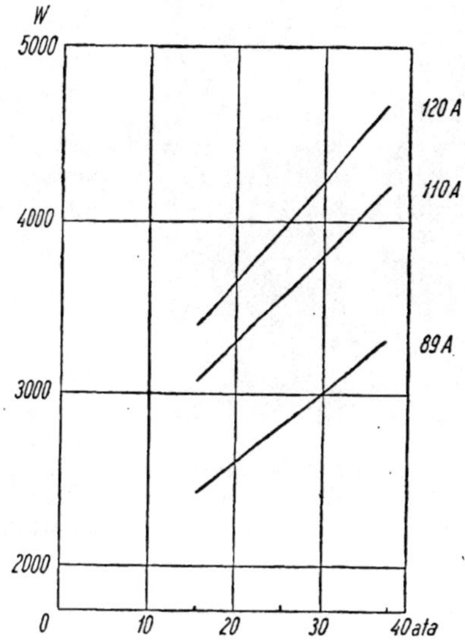

b) Abhängigkeit der Lampenleistung vom Druck bei verschiedenen Stromstärken

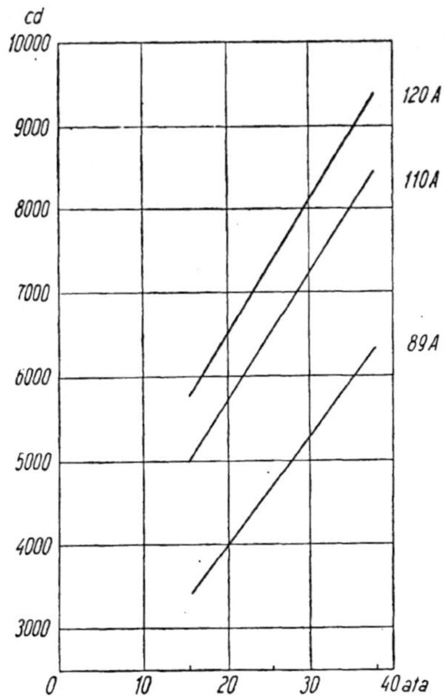

c) Abhängigkeit der Lichtstärke vom Druck bei verschiedenen Stromstärken

größter Sorgfalt, ausgeführt in Schutzgasatmosphäre und im Vakuum, führten nicht zu dem gewünschten Erfolg. Erst die Einführung eines Schmelzverfahrens, bei dem im Vakuum einwandfreie Verbindungen zwischen Kupfer und Wolfram hergestellt werden konnten, erbrachte eine weitgehende Verbesserung der Haltbarkeit der Elektroden. Damit konnten die Standzeiten auf 5 Stunden bei einer Belastung von 4,2 kW erhöht werden, wodurch wir die Entwicklungsarbeiten weiter an das gestellte Ziel herangeführt haben. Obgleich wir nicht verkennen, daß der weiteren Erhöhung der Leistung auf dem von uns betretenen Wege noch viele Schwierigkeiten entgegenstehen, die vor allem in der Lösung zahlreicher technologischer Fragen bestehen, haben wir dennoch die Überzeugung, die grundsätzliche Brauchbarkeit dieses neuen Weges für die Entwicklung von Hochintensitäts-Strahlungsquellen bereits heute nachgewiesen zu haben.

Abb. 19. Lichtbogen der Metall-Lampe bei 4 kW und 5 mm Elektrodenabstand

Es ist uns eine angenehme Pflicht, unseren Mitarbeitern an diesem Problem an dieser Stelle unseren Dank auszusprechen:

Ober-Ing. Fritz Kempe, Techniker Gerhard Kempe, Meister Gerhard Löwe im Institut für Strahlungsquellen; Dipl.-Ing. Kopec, Lab.-Ing. F. Wozniak, Lab.-Ing. E. Skurcz von der Entwicklungsabteilung des Berliner Glühlampenwerkes.

LITERATURVERZEICHNIS

[1] Vgl. z. B. W. Friedrich, Archiv f. Geschwulstforsch. 1, 137, 1949.
[2] R. Rompe und W. Thouret, Das Licht 7/8 (Aug. 1944); 9/10 (Okt. 1944).
[3] P. Schulz, Ann. Phys. 1, Heft 1–3 (1947) 95.
[4] W. Neumann, Ann. Phys. 17, Heft 2–3 (1955) 146.

TECHNISCHES ZENTRALBLATT

Im Auftrage der Deutschen Akademie der Wissenschaften zu Berlin
herausgegeben von Prof. Dr. phil. MAXIMILIAN PFLÜCKE

ABTEILUNG I
ENERGIEWESEN

Die Abteilung Energiewesen berichtet nach folgender Einteilung:

A. Allgemeines: Biographien, Geschichte, Unterricht, Forschung / Dokumentation / Allgemeine Fragen des Energiewesens / Grundlegende Wissenschaften / Verfahren und Hilfsmittel für den Betrieb technischer Energieanlagen / Allgemeines über Werkstoffe des Energiewesens

B. Technische Energiebewirtschaftung

C. Energie des Windes

D. Potentielle Energie des Wassers

E. Kernenergie

F. Wärme

G. Elektrische Energie

H. Sonstige Energieformen und ihre Gewinnung, Umformung, Speicherung

I. Energieverbrauch (Verwendung der verschiedenen Energieformen)

K. Meß- und Prüftechnik · Steuerungs- und Regelungstechnik · Nachrichtentechnik im Energiewesen

L. Unfälle und Schäden, Unfallschutz und Schadenverhütung / Ausstellungen, Messen, Tagungen / Rechtsfragen des Energiewesens / Bau- und Betriebsvorschriften, Normung, Typisierung, Prüfvorschriften

Bibliographien · Buchbesprechungen · Schnell-Dokumentation